BERNARD WERBER

一只猫写的喵百科

[法] 贝尔纳·韦尔贝尔 著　钟欣奕 译

华中科技大学出版社
http://www.hustp.com

有书至美
BOOK & BEAUTY

中国·武汉

图书在版编目(CIP)数据

　一只猫写的"喵"百科 / (法)贝尔纳·韦尔贝尔(Bernard Werber)著；钟欣奕译. — 武汉：华中科技大学出版社，2021.7
　ISBN 978-7-5680-7120-8

　Ⅰ.①一… Ⅱ.①贝… ②钟… Ⅲ.①猫–普及读物 Ⅳ.①Q959.838-49

中国版本图书馆CIP数据核字(2021)第098004号

L'Encyclopédie du Savoir Relatif et Absolu des Chats by Bernard WERBER
© Editions Albin Michel - Paris, 2019
Current Chinese translation rights arranged through Divas International,
Paris (www.divas-books.com)
Chinese (Simplified Chinese characters) translation©2021 Huazhong University Of Science and Technology Press
All rights reserved.

简体中文版由Editions Albin Michel授权华中科技大学出版社有限责任公司在中华人民共和国境内（但不含香港特别行政区、澳门特别行政区和台湾地区）出版、发行。

湖北省版权局著作权合同登记 图字：17-2021-064号

一只猫写的"喵"百科
Yi Zhi Mao Xie de Miao Baike

[法]贝尔纳·韦尔贝尔 著

钟欣奕 译

出版发行：华中科技大学出版社（中国·武汉）　　　电话：(027) 81321913
　　　　　北京有书至美文化传媒有限公司　　　　　　　(010) 67326910-6023
出 版 人：阮海洪

责任编辑：莽　昱　舒　冉　　　　　　　内文排版：北京博逸文化传播有限公司
责任监印：徐　露　郑红红　　　　　　　封面设计：邱　宏

制　　作：北京博逸文化传播有限公司
印　　刷：北京汇瑞嘉合文化发展有限公司
开　　本：700mm×1000mm　1/16
印　　张：10
字　　数：23千字
版　　次：2021年7月第1版第1次印刷
定　　价：89.00元

华中出版

目录

前言

我叫毕达哥拉斯，是一只暹罗猫。我出生在实验室的猫舍里。这里的猫都是被创造出来的生物，只被人类用于科学实验。在我小的时候，我的爸爸妈妈就被带走了，所以我不太记得它们。年轻时候的我甚至不知道，在这霓虹灯照亮的洁净房间之外，还有另一个世界。

我住在狭窄的笼子里，按时被投食小丸剂，在透明的饮水槽里喝水。不会有人来抚摸我，我也遇不上其他人或猫，没有爱的感觉，无情无欲。对于住在那里的人类来说，我只是个连名字都没有的物品，代号CC-683，意思是"第683号实验用猫"。我觉得他们甚至认不出我，因为实验室里的都是暹罗猫，长得跟我几乎一模一样。我远远就能听到它们的喵喵声，却看不见、摸不着它们。我整天独自一猫待在自己的小笼子里。

没有对比就没有伤害。痛苦源于我们觉得自己遭遇不公平的对待，被剥夺了本应拥有的更好生活。没有对比，你真的可以习惯任何事情，甚至是最糟糕的事情。不知道发生了什么，我没有感觉到不公平，因为对我来说，这很正常。我笼子之外的世界并不存在。

啊，无知真快活！我连老鼠、鸟、蜥蜴甚至树都没有见过。我从未感受过风雨和雪，从未见过太阳、月亮和云朵，甚至分不清白天和黑夜。我永远生活在一个温暖洁白的平静世界里，那是与自然无关的实验室。尤其是，我没有决定权和选择权，所以没有犯错的风险。当

"我出生在实验室的猫舍里。"

"有一天，
她在我头骨上钻了个洞，
给我手术移植了'第三只眼'。
还用紫色塑料帽遮挡着。
这个带金属边的长方形小洞
也叫'通信接口'。"

生活受别人支配时，你不再需要自由意志。不用负任何责任的感觉很舒服。虽说要唯命是从，但终究还是幸福的。然而，这样的生活没有持续下去……

我被关进一个大了一倍的笼子里。仅仅是住进大笼子，都给我带来了愉悦感。笼子中间有个操纵杆，上面有个灯泡。一阵铃声响起，灯火通明，红光四射，灯泡边响边闪。我寻思得做点儿什么。于是，我走到操纵杆前，两腿并拢按了下去。这一按，立马掉下个小食盒。我嗅了嗅，尝了尝，很好吃。这道鸡肝丸比我之前吃的好多了。我等着，又是一阵响动，红灯亮了。我又按了一下杆子，又有个丸子掉下来。就这样反复掉了5次，在我看来，这系统操作很简单嘛。不过有一次，我怎么按丸子都

不掉。于是我更使劲儿地加速按，还是什么都没有。这让猫无法理解，也无法忍受。铃声再次响起，红灯也亮了，但操纵杆还是用不了。

这真的让我很生气。然后，铃声又响了，我再按了下操纵杆，丸子终于掉了下来。真是莫名其妙。我松了一口气，原以为发生故障了。后来，问题又开始断断续续地出现。

我想搞清楚这到底是怎么一回事。

这让我有点儿摸不着头脑。操纵杆正常运转的时候，是我离得远吗？是我很用力吗？是我两腿并用了？还是因为我喵了几声呢？其实，这是让我做出条件反射的科学实验——巴甫洛夫"条件反射"，光靠铃声和灯光就能让我流口水。但他们感兴趣的不是口水，而是我能否忍受这种异常情况。我简直要气炸了！我每次都绞尽脑汁，想弄出个小丸子！弄不出的时候，我又蹦又跳，又喵又叫。有人在铁网的另一侧盯着我。我乞求他们把装置修好。我都不饿了，只想看它再次运转，一直都想，不由自主地想。

这种情况又持续了一段时间，真让我抓狂。还有其他猫和我有同样的经历，但它们都真的变疯、无药可救。我后来才知道，我是唯一一只精神没有崩溃的猫。于是，我被一个叫索菲的人专门观察。之后，索菲带我进行了

其他的实验操作。我做过睡眠实验，被拍下睡觉的过程来分析大脑情况。索菲又给我做了其他测试，每次都发现我最强、最机敏。有一天，她在我的头骨上钻了个洞，给我手术移植了"第三只眼"，还用紫色塑料帽遮挡着。这个带金属边的长方形小洞也叫"通信接口"，这是个USB接口，由极细的电线精确连到我大脑的多个点。她称它为"眼睛"，即"电子光接口开孔"。就这样，索菲能先后把感官感觉、音乐和图像直接输入我的脑袋里。一开始，这波操作并没有成功，搞得我头痛、呕吐。索菲便调整了信号，成功将声音和图像结合起来，提高了流畅度。然后，她开始让我学她的语言。就这样，她给了我接收人类世界信息的通道。

这个过程花了7年时间。7年反复试错，多多少少有些痛苦，只为打造出让猫咪能真正汲取人类知识的信息途径。从成功运行的那天起，我就有种打开新世界大门，看到一束亮光的感觉。我终于可以理解人类的行为，解读他们的文明。接收了参透人类系统奥秘的首要基本信息后，我必须学会文字、图像和人类的概念。从前一无所知的我，更加如饥似渴地记下了所有东西。

我对每个细枝末节都很感兴趣，想了解一切。我不费吹灰之力就把很多动物名称、地名、概念和词汇都记住了。最复杂的是把各个信息准确组合在一起。你会看到各种各样的东西，但如果不知道怎么关联，还是无法理解这些信息。而最让我大吃一惊的，是索菲对我之前测试的解释。我能否在红灯亮和铃声响的时候得到丸子，其实只与随机系统有关。或许猫们终其一生都无法理解什么是随机系统。除了我，其他猫都被搞疯了。

当我的第三只眼完全正常运作后，索菲开始像人类教育自己的孩子那样"教育"我，对我的知识进行分类。我学了历史、地理、科学和政治。然后，为了完善我的知识体系，她还优化了设备，以便我能不断地自主学习。她将我的USB插口连接互联网，教我上网冲浪。互联网是人类存储和交流信息之所，他们都

"这是个USB接口，由极细的电线精确连到我大脑的多个点。她称它为'眼睛'，即'电子光接口开孔'。"

在这里存放自己的图像、音乐和电影。互联网是一种聚合方式，保存着世界上人脑中的各种记忆。即使人类死亡，他们的知识也保留在了互联网中。

于是，有了第三只眼的我就可以不断上网，获取自己感兴趣的信息。我不再依赖索菲。虽然我没有手指，不能打字，但我看得到屏幕，可以通过意念移动上面的光标。我可以浏览文字或网页，也能读取视听文件。

我还用上了新设备，不需要连接地下室的电脑就能随时上网。索菲料到会出现这种情况，所以设计了数字游牧系统。要运行这个系统，首先需要人类同胞帮我穿上背心束带，并装上一部智能手机。

然后，只需将白色电缆一端的细插头插入智能手机的插孔，而电缆另一端大点儿的插头，对接我的"USB接口"。这样用电缆连接智能手机和我头上的小洞后，我需要打开智能手机。为此，我必须用爪尖按下一个圆形按钮，然后用爪子从左到右滑动屏幕上出现的箭头，再按下一个彩色方块图标，打开他们所谓的"应用程序"。就这样，我的第三只眼终于连上互联网了。我第一次看到一个没有任何意义的词，只知道它在人类语言中

的发音是"gǔ gē"。现在，我只需移动光标就可以上网冲浪了。

有一天，我在上网的时候发现了埃德蒙·威尔斯（Edmond Wells，本书作者《蚂蚁三部曲》中的虚构人物）教授提出的一个概念，即知识积累越多越好。他的著作名为《相对且绝对知识的百科全书》。这启发我撰写了这本《猫的相对且绝对知识的百科全书》。这可以说是我们猫的物种知识宝库，我会把与我们有关的一切都放在里面，起码记录下有关我们过去的一切。如此一来，即便我们死了，它也会保留下来，在以后可以被人发现、阅读。这就够了。我们也就不会完全销声匿迹。

多亏了网络连接，我才能撰写这本著作。联网后，我可以在虚拟键盘上移动光标，当作鼠标使用。我用这种方法打出一个个字母，拼成单词，积词成句，最后句累成篇。虽然这花费了我好几年的时间，但我还是完成了。

成果就是您手中捧着的这本书……

祝您阅读愉快！

毕达哥拉斯（Pythagore）

"有一天，我在上网的时候

发现了埃德蒙·威尔斯教授提出的一个概念。"

一、猫与人类的历史

1.第一批出现的
有毛发的温血哺乳动物

侏罗纪时代的欧洲景观插图，包括动物种类、地质学和古生物学。摘自《自然史手册》(*Handbuch der Naturgeschichte*)，戈特蒂尔夫·海因里希·冯·舒伯特 (Gotthilf Heinrich von Schubert，1813—1823年)。

13

1.

地球形成于45亿年前，起初只有水和海洋生物类。一切都源于水，小型藻类中出现的生命变成了鱼。有一天，其中一条鱼纵身一跃，跳到坚实的地面上学会了爬行。这第一条鱼成功存活下来，并进行了繁殖。它的后代变成了爬行动物，后来演化出了恐龙。

有些恐龙非常高大，也很凶猛。它们的牙齿和爪子都硕大无比，其他动物都望而生畏。恐龙变得越来越聪明，种群发展壮大起来。

后来，有块陨石从天而降，改变了大气和温度。

恐龙都死了。

部分动物活了下来，包括哺乳动物。

哺乳动物是最早的温血类动物，它们长有毛发和能提供乳汁的乳房。猫，也是如此。

700万年前，人类和猫的祖先出现了。

300万年前，人类的祖先演化为大型和小型两类。

2.

而猫的祖先也演化为大猫和小猫。

人类将大猫称为"狮子、老虎"。它们仍然存活着，但数量已经不多。

小猫的体型小了至少10倍，但更灵活。

后来，小型人类和小猫同步进化直到10000年前。当时，人类发展了农业——采集并收获植物果实。他们开始囤积粮食，但这引来了老鼠，而老鼠又招来了猫。当意识到猫能够保护食物，人类看待猫的眼光便多了一份敬重。

"人类将大猫称为'狮子、老虎'。"

图1：生活在更新世之前的剑齿虎（*Machairodus* neogaeus）彩色石版画，由F.约翰（F.John）绘制（属于Reichardt Cocao公司的"史前动物"系列），最初发表在1910年的《史前世界的动物》（*Animaux du monde préhistorique*）上，文字由威廉·伯尔舍（Wilhelm Bölsche）撰写。

图2：咆哮的狮子（可以看出，它形似上图中的"祖先"之一剑齿虎）。

1.

随着时间的推移，人类和猫自然而然地融洽相处在一起。猫帮助人类改善生活。于是，人类决定给我们提供住所和食物。在塞浦路斯岛（Chypre），人们发现了一座可追溯至公元前7500年至公元前7000年的坟墓，里面埋着一具人类骨架，旁边还有一具猫的骨架。一旦猫死了，人类不会让其他动物或同类吃掉它们，而是把这个小伙伴一同埋入土中。这只猫出现在坟墓里，意味着人类认为我们很重要。

"猎杀老鼠让我们驯服了人类。"

图1：《在野外捕老鼠的猫》（*Chat tuant des souris dans un paysage*），由戈特弗里德·明德（Gottfried Mind，1768—1814年）创作。

图2：猫的墓碑，位于巴黎西北部的阿涅尔（Asnières）动物墓园。

图3：一座位于塞浦路斯岛的坟墓，可追溯至公元前7500年至公元前7000年间，左边为人类骨架，右边为猫的骨架。

2. **3.**

Je sens toujours
Tes pattes de velours
Et nos doux
souvenirs
Ne peuvent
pas mourir.

2. 与神齐名

古埃及，女性雕塑师在陶器作坊里制作埃及神明雕像。画作《诸神及其创造者》(Les Dieux et leurs créatrices)，埃德温·朗斯登·朗（Edwin Longsden Long）绘制，伯恩利，汤利大厅艺术馆和博物馆，1878年。

地理位置偏远、气候炎热的埃及是个沙漠国家。公元前2500年（有个人叫作耶稣，全世界都以他的出生日期来计算时间。他出生于约2000年前，因此公元前2500年相当于4500年前）的埃及文明创造了信仰狮首人身女神塞赫迈特（Sekhmet）的宗教。然而，她经常……吃掉供奉她的祭司。多人因此丧命后，埃及人便给塞赫迈特创造出一个猫首人身的化身，封为巴斯特（Bastet）女神。

埃及人注意到，猫比狮子更有趣。首先是因为猫没那么笨重，喂养更简单，且更容易安抚。其次，因为猫能猎杀更多老鼠，可以更好地保护粮仓。最后，它们还保护房屋免受蝎子、蛇和大型毒蜘蛛的侵害。那时候，他们管我们叫作"喵"（Miou）。说来话巧，在大多数国家，我们的名字发音都和我们的叫声很接近。

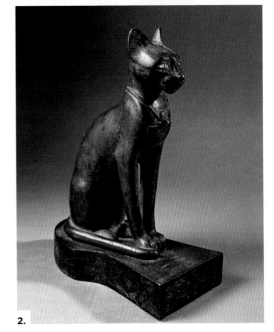

1.

2.

图1：壁画中为象征欢乐、音乐和母性的猫首人身女神巴斯特，卢克索，帝王谷遗址。

图2：猫神巴斯特的青铜金雕像，都灵，埃及博物馆。

图3：猫首铜像，制于公元前6世纪古埃及后期。

3.

1.

2. 3.

女神巴斯特象征美丽和繁殖。她的供奉者专门在埃及布巴斯提斯城（Bubastis）的红色花岗岩神庙中进行祭拜活动。这座有几百只猫的神庙会举行一年一度的盛大祭祀活动，数以万计的人类从各地赶来，向女神献礼。他们把自己装扮成尖耳长尾的猫，载歌载舞，不断唱诵着巴斯特的名字。他们在对猫头女神的崇敬中宴饮庆祝，倍感幸福。

巴斯特还被认为可以治疗儿童疾病，守护亡灵。为了模仿猫，古埃及女性会在脸颊上弄出几道形似猫须的划痕，在手臂上开几道口，往里滴上几滴猫血，希望能以此拥有我们的美貌和智慧。

此外，埃及人也会把猫当作人来打扮，给它们戴上珠宝、项链和耳环等首饰。在当时的埃及，死去的猫有权举办葬礼，人类会剃眉以示哀悼。亡猫被做成木乃伊，脸上戴着绘制的猫脸面具。

猫是神圣不可侵犯的。如果有人伤害了猫，就会遭鞭打，如果他杀了猫，就会被割

"当意识到猫能够保护食物，人类看待猫的眼光便多了一份敬重。"

喉。埃及仍在，但承载这些价值观的文明早已消失。这源于一场战争。公元前525年，波斯国王冈比西斯二世（Cambyse II）进攻埃及，虽包围了贝鲁西亚大城，但迟迟没有成功攻占。当得知埃及人崇拜猫，他便命令士兵将活猫系在盾牌上作战。

于是，埃及人再也不敢射箭，以防伤及神兽，宁可不战而降。冈比西斯二世自称新法老，让旧法老受尽折磨，并处死了所有埃及祭司和贵族。

他还摧毁了所有神庙，包括供奉巴斯特的布巴斯提斯神庙，并下令将这里的猫都献给波斯神。于是，对猫和巴斯特的崇拜就这样在埃及消亡了。

人类有操控我们的能力，一是因为他们体型更大；二是因为他们有大拇指，可以造出非常复杂强大的东西；三是因为他们的平均寿命长达80岁，而我们只能活到大概15岁。这样一来，他们就可以积累更多经验；最后，第四

图1和图3为古埃及后期（公元前664—前332年）的猫木乃伊，巴黎卢浮宫博物馆。

图2：埃及猫木乃伊，里昂汇流博物馆。

> "当得知埃及人崇拜猫，冈比西斯二世便命令士兵将活猫系在盾牌上作战。"

个原因是他们平均每天睡8小时，而我们平均睡12小时。换句话说，他们只有三分之一的时间在梦里，而我们却要为此花掉大半天……

不过，我们的爬树和奔跑技能比人类更胜一筹。他们的骨架偏硬，而我们不仅身体柔软，还有一条帮助平衡的尾巴。除了有夜视能力，我们还能通过胡须来感知空气的细微流动。人类甚至不会发出咕噜咕噜的声音！

但是，双手给人类带来了巨大优势。他们可以靠双手"工作"。

公元前525年围攻贝鲁西亚大城时，冈比西斯二世想到利用城中居民对猫的崇拜，命令士兵将活猫绑在盾牌上。这幅创作于19世纪的插画作者不详，画中的我们竟然变成了被投掷的武器！

3.征服五湖四海

水彩画《开罗的一所学校内》(Intérieur d'une école au Caire),
约翰·弗雷德里克·刘易斯 (John Frederick Lewis, 1804—1876
年) 创作。私人收藏。

1.

在被可怕的杀猫人冈比西斯二世的战争摧毁之前，埃及文明已经获得了飞速发展。

曾在埃及当奴隶的希伯来人解放了自己，往东北逃到了犹地亚。在那里定居的他们不仅创建了城市，还发展港口贸易。贸易是古老的劳动形式之一，即两地之间以物易物。3000多年前，希伯来人在国王大卫（David）和所罗门（Salomon）的带领下，组建了贸易船队。但他们发现，随船携带的粮食物资经常被各种鼠类糟蹋了。于是，船队便一直带着猫出航。就这样，猫咪开始了更远的旅行，先是到了地中海，然后被带着进入沙漠骆驼商队。

猫在当时的作用只是保护人类的食物不被鼠类吃掉。到岸后，商人都会抛弃或卖掉在航行中出生的小猫。这些小猫在还不认识它们的人类民众中很受欢迎。同时，随着猫在各地的扩散，人类分成了爱猫和爱狗两个阵营。爱猫者普遍喜欢猫的智慧，而爱狗者喜欢狗的力量。前者喜欢自由，后者喜欢顺从；前者喜欢黑夜，后者喜欢白天。不过，这两个阵营并非井水不犯河水。在那个时候，爱狗人士吩咐狗去追捕猫的情况并不少见。有些地方的村民还尽力搜捕，想要把猫都赶尽杀绝。猫不会游泳。船上的人类也知道，猫咪们会想尽一切办法防止沉船。于是，它们便越来越聪明，不得不帮助人类预测可能导致海难的风险，所以它们可以提前感知风暴。据说，狗会游泳，猫却不会，因为它们的皮肤和毛发不同。但也有人

说，有些猫咪喜欢玩水。

就这样，猫从犹地亚去往了世界各地。根据公元前1020年的文本记载，它们还曾到过东方大国印度。到达此地的商人开始用我们换取香料，因为他们发现印度人一看到我们就很喜欢。印度人也开始供奉猫首人身女神，取名娑提（Sati），也被视为繁殖女神。

娑提的雕像都是空心的，在里面放上一盏油灯会让雕像眼睛发光。这不仅能吓退老鼠，还能辟邪。印度教徒认为，是猫教会了人类怎么做瑜伽（基本就跟我们身体拉伸一样）和冥想（源于我们的小睡）。

公元前1000年，猫来到了一个更往东且更大的国家——中国。

商人用我们交换到了精美的丝绸、香料、油、酒和茶叶。当时正值汉朝统治时期，猫被视为和平、宁静和吉祥的象征。汉朝人还创造了自己的猫形象的女神李守。

猫不仅征服了东方各国，也征服了北方领土。

公元前900年，我们的祖先去到了丹麦。

丹麦人创造了繁殖女神弗蕾亚（Freyja），她乘坐的战车由两只分别叫作"爱"和"温柔"的圣猫牵引。

就这样，猫跟随人类四处旅行，影响到越来越多的地方。

图1：正在游泳的猫，有些猫似乎喜欢玩水。
图2：1922年，骆驼商队穿越埃及孟菲斯城附近的沙漠。

4.我们与人类的
复杂关系

拥有强大舰队的罗马人能征服世界，如果他们不发生像亚克兴
（Actium）战役这样的内战的话。图为1672年洛伦佐·卡斯特罗
（Lorenzo Castro）创作的《亚克兴战役》。格林威治，英国国家
海事博物馆。

1.

继贸易之后，猫咪因为征战扩散至世界各地。公元前300年，希腊军队入侵了庞大的埃及王国和狭小的犹地亚王国，并掠夺了粮食、钱财、女性和猫。善于战斗的希腊人，已经拥有为狩猎和战争而训练的狗。为了保护庄稼和家园不受鼠类的侵害，同时也为了预防蛇和蝎子，他们还养了伶鼬、雪貂、石貂或臭鼬，但这些动物的缺点是攻击性强、难以驯化且气味难闻。

于是，他们开始养猫。猫变得非常受欢迎，被他们当作糖果或鲜花一样的礼物送给女性，取悦她们。古希腊著名剧作家阿里斯托芬（Aristophane）讲述过，在首都雅典，有个专售猫咪的集市，且售价十分昂贵。

因此，崇拜者将埃及女神巴斯特与希腊女神阿耳忒弥斯（Artémis）的合体封为"猫后"。他们也终于意识到，我们猫咪是值得尊敬的。

接着，罗马人（另一个居住在西部的战斗民族）入侵希腊后，衍化出自己的文化、技

图1：展现"狗猫相斗"场景的浮雕，发现于雅典迪普利翁公墓，年代约为公元前510年。

图2：小亚细亚古希腊以弗所古城遗址中的猫。

2.

术、神灵和……猫。希腊女神阿耳忒弥斯变成了同样掌管猫的罗马女神狄安娜（Diane）。而对于罗马人来说，赠送小猫也成了一种吸引女性的方式。

于是，我们在罗马人家里成功占了一席之地。狗都睡在外面，但我们睡在温暖的火炉旁。

由于祖先的生育能力强，我们的数量迅速增长。一开始，只有富裕的罗马人才有猫，后来就很快普及开来。

军队的士兵养成了带着猫咪上战场的习惯。在营地里，他们还能感受到有温柔的猫咪陪伴自己。有些军团甚至以猫头作为徽章。令人惊讶的是，带领罗马军队抵达法国（当时叫高卢）的军事统帅却讨厌猫，他就是恺撒大帝。恺撒大帝患有"恐猫症"，一看到我们就害怕，还会抽搐。

无论如何，伴随着罗马帝国的扩张，猫也被带到了更多地方。希伯来商人抵达港口城市和沿海地区，而罗马士兵的侵略深入平原、山地和山谷，让从未见过猫的偏远地区民众发现了猫这种奇特、可爱的动物。

在罗马人看来，猫是罗马文明繁荣的象征。它们传遍了整个欧洲，各地自发地崇拜猫，每个国家都有不同名字的猫神代表。

例如，在高卢，凯尔特人、西哥特人或奥弗涅人对我们都有特殊崇拜。

然而，到了313年，罗马帝国改信基督教，这种一神教只崇拜一个人形的神。392年，罗马人的新统治者狄奥多西一世（Théodose Iᵉʳ）皇帝正式禁止对猫的崇拜，并宣布将猫视作不祥之物，认为我们的夜生活和喧闹的性行为与堕落和巫术有关。连养猫都被禁止了。任何人都可以无缘无故地杀害我们，无须解释和道歉。更糟糕的是，我们被认为是有害动物，消灭我们就像消灭蟑螂、老鼠或蛇一样，是公民应尽的义务。

幸好还有农民，他们收留我们以保护庄稼。

而希伯来商人继续通过商船和沙漠商队带着我们云游四海。950年，猫到达了比中国更往东的国家——朝鲜；1000年，猫又被佛教僧侣带到了比朝鲜还往东的岛屿——日本。

在日本一条天皇（Ichijō）13岁生日时，朝鲜国王给他送了一只小猫作为礼物。这为我们开辟了一片新天地。一条天皇对这只猫无比喜爱，宫里的人见状都想养猫。于是，猫变成了流行的贵妇风尚。人们对猫咪的需求量稳步增长，为了满足每家每户的需求，官方还推出了饲养计划。

从此，每个地区的家猫数量减少，近亲繁殖不可避免地导致了特定的基因突变。人们会选择自己喜欢的特征（如毛色和长度、眼睛形状和颜色），培养出当地的特色物种，如土耳其的安哥拉猫、泰国的暹罗猫或波斯的波斯猫。

后来，遭到亚洲黑鼠群攻击的欧洲农民利用猫群来对抗黑鼠的入侵。事实再次证明，我们的祖先骁勇善战。

猫不再蒙受"不祥"污名。其实，我们在大城市之外的其他地方非常受欢迎。我们的排泄物被用来配制药物，可以减缓脱发和预防癫痫；猫骨髓可以治疗风湿病；脂肪可以舒缓痔疮疼痛……

而另一方面，骨髓和脂肪的使用意味着我们被当成了猎物。在西班牙，还有人会捕食猫咪。

希腊女神阿耳忒弥斯变成了同样掌管猫的罗马女神狄安娜。《狄安娜在浴场》（*Diane au bain*），1791年，安托万·格罗斯（Antoine Gros）创作的油画。贝桑松，艺术与考古博物馆。

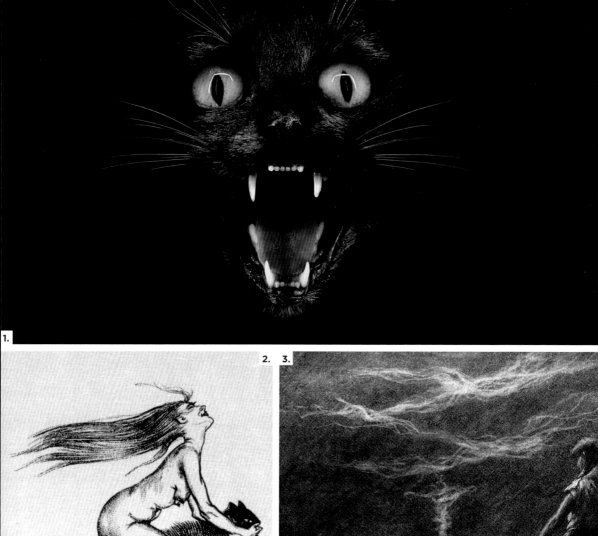

36

一位名叫鲁佩托·德·诺拉（Ruperto de Nola）的皇家厨师以猫肉为主要食材，出版了一本广受欢迎的烹饪食谱书。猫肉被认为比兔肉更细腻，所以我们经常被拿来和兔子比较。一般来说，我们和兔子的肉都会搭配同样的酱料和调味品。

而弦乐器制造师会收集我们的肠子来制作乐器的弦，他们称之为"猫肠线"。同样，裁缝也用我们的皮毛来做毛皮大衣、手笼、帽子和坐垫。

但这并没有给人类带来好运。他们赶上了一种名叫鼠疫的致命疾病。这种疾病的传播媒介是老鼠。所以，养猫的人类能更好地预防染病。1350年，黑死病大爆发导致2500万人死亡，相当于欧洲人口的一半。

这应该给了他们一个教训。然而，幸存者并没有感谢我们的祖先，反而认为养猫的人与带来瘟疫的不祥力量有关。犹太人喜欢我们，因此他们有更多人幸免于难，基督教中的狂热分子便指责他们施加巫术，于是屠杀犹太人和他们的猫。

1484年，教宗英诺森八世（Innocent VIII）甚至颁布法令，宣称猫是魔鬼在人间的化身，圣约翰节是所有忠诚信徒的捕猫日。无论是流浪猫还是家养猫，都应该把它们扔到火刑柱上活活烧死。

1540年，第二次鼠疫爆发，又导致半数人丧命。幸存猫咪的主人再次被栽赃而命丧黄泉。

人类即便自诩聪明，也是在几个世纪之后，医生才找到了养猫和幸免于鼠疫之间的联系。因为直到1894年，人们才发现鼠疫是由老鼠传播的鼠疫杆菌引起！幸运的是，在这期间，教宗西斯笃五世（Sixte V）不再将我们妖魔化。

在玛丽·都铎（Marie Tudor）统治时期，猫又因象征新教异端而遭杀害。到了伊丽莎白一世（Elizabeth I）时期，猫又因象征天主教异端而被烧死！1665年，鼠疫再次肆虐欧洲，最初是因为伦敦进行了一场灭猫运动！

从那个被称为"文艺复兴"的时代开始，猫在法国和欧洲社会中重新获得了正面形象，养猫的基督徒不再有被逐出教会的风险。

之后，猫甚至被宣布是不可或缺的动物。

图1：黑猫示威。

图2：漂亮的女巫骑着黑猫飞行，奥古斯特·勒鲁（Auguste Leroux）创作的插图，1920年。

图3：神话与传说：在仪式上施法术的女巫身旁伴有黑猫，弗罗斯特（A.B.Frost，1851—1928年）创作的彩色插画。

5. 科学进步的核心

尼古拉·特斯拉（Nikola Tesla，1856—1943年）坐在位于美国科罗拉多斯普林斯的实验室里，身旁是他发明的放大发射机（Magnifying transmitter），1899年。特斯拉是在看到儿子抚摸爱猫梅塞克（Macek）时发现了静电的存在。

到了文艺复兴时期，科学家和艺术家终于对我们产生了真正的兴趣。

在法国，国王路易十三（Louis XIII）恢复了猫的声誉。他的大臣黎塞留（Richelien）约有20只猫，每天早上工作前都要先与猫玩耍。他很喜欢我们。

路易十三建议所有农民都养猫来保护庄稼。他还组建了一支猫队，一直养在皇家图书馆里，让其负责保护书籍免遭老鼠破坏。

遗憾的是，他对猫的这种热情并没有传递给继任者。10岁的路易十四和伙伴们一起把活猫扔进炉子里，玩得不亦乐乎。可以看得出，那些不喜欢我们的掌权者，比如冈比西斯二世、恺撒、路易十四，以及后来的拿破仑和希特勒，往往都是独裁者……

不过，在路易十四之后，又出现了新猫迷——路易十五。他经常抱着自己的猫参加内阁会议，还正式下令禁止在圣约翰节烧猫。

就是从这个时期开始，试图了解世界的人类开始用猫来做科学实验。当政治服从于法律，宗教则被想象中看不到的长着大胡子的巨人的意志掌控。科学是没有先验的探求，它提出了新的问题。而恰恰是科学家最先认为，猫可以帮助他们更好地理解很多事情。

"在路易十四之后，

又出现了新猫迷——路易十五。

他经常抱着自己的猫

参加内阁会议。"

一幅抱着猫的女人画像，弗朗切斯科·乌贝蒂尼·威尔第（Francesco Ubertini Verdi）绘制，16世纪。

"到了文艺复兴时期，
科学家和艺术家
终于对我们产生了真正的兴趣。
在法国，国王路易十三
恢复了猫的声誉。"

抱着猫的女人画像，作者不详，16世纪。

其中最伟大的科学家牛顿，在1665年英国首都伦敦爆发第三次大瘟疫期间，发现了万有引力定律。那时他回到伍尔索普村庄居住。一天下午，他正在树下打盹。他的猫咪玛丽昂（Marion）爬到树上，失足落在了他身上。被惊醒后，他冒出第一个念头是："如果玛丽昂会从树上掉下，为什么月亮不会掉到地球上？"受到这一启发的他推导出万有引力定律，成为物理学伟大的发现之一。

后来，同样喜欢猫的法国作家伏尔泰（Voltaire）在讲述这个故事时，把猫换成了苹果。

然而，为了感谢猫咪玛丽昂的帮助，牛顿想到在门的底部开一个方形洞口，好让它随心所欲地进出房子。因此，他不仅是现代物理学的奠基者，还发明了必不可少的"猫洞"。这样，养猫人就可以不用担心猫咪的出入。

后来，科学家尼古拉·特斯拉看到儿子抚摸自己的猫咪梅塞克时，注意到了黑暗中闪现的微小火花，由此发现了静电现象。

唉，让我们摆脱宗教迫害的科学还是带来了新的折磨。

6.探索太空

1963年10月18日，作为阿尔及利亚哈马吉尔（Hammaguir）太空生物学
计划的一部分，费莉塞特（Félicette）成为第一只被送入太空的猫。图中
是正参加太空旅行训练的它，身穿安全带被放入太空舱。

1.

Le Vrai Poilu !..

2.

从1900年开始，猫不再与巫术画等号，而是与自由画等号。黑猫成了无政府主义运动的象征，这种政治运动的目的是摧毁当前政府，以便生活在没有任何统治者的世界里。该运动还与警察、军队、宗教人士和任何形式的权威作斗争。无政府主义激进分子的旗帜上画着黑猫的图案。

他们都是果敢的人，毫不犹豫地刺杀国王、大臣甚至总统。通过不断破坏政府的稳定，无政府主义者在萨拉热窝对奥地利皇帝的袭击引发了一次大战，这就是所谓的"第一次世界大战"。人类大范围地参加了战争。当然，有些冲突地区的战况比其他地方更激烈……

我们也被卷入了这场大战。1914年，英国

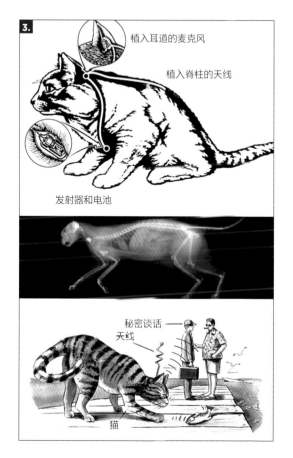

3.

植入耳道的麦克风

植入脊柱的天线

发射器和电池

秘密谈话
天线

猫

特勒的德国独裁者，他有恐猫症。

更多人类参与了这场战争，简直数不胜数。他们使用了更具破坏性的武器，从而导致死亡人数猛增。人类总是疮好忘痛。第二次世界大战造成了6500万人丧命。

此后多年，俄国人和美国人互相看不顺眼，但战争中投下的原子弹都让他们反躬自省。他们不正面冲突，而是选择了"冷"战。用人类的话说，这并不是指他们在雪地里打仗，而是说他们通过其他方式来对峙，但没有直接发动战争。1961年，美军决定制造一只仿生猫，对俄罗斯大使馆进行侦察。

美国人给一只名叫基蒂（Kitty）的猫做手术，在它肚子里植入一块大电池，耳朵接上麦克风，尾巴装上金属天线。这次任务被称为"基蒂猫监听行动"。当天，科学家把基蒂放在

人成立了猫咪侦探组来检测有毒气体，以免人类遭殃。所以很多猫是为了拯救人类而死……

第一次世界大战造成了2000万人死亡（死了多少只猫，我们不得而知）。战争持续了4年，随后是20年的和平时期，刚好足够新一代人类出现。他们不知道战争带来的恶果，又发动了第二次世界大战。罪魁祸首是一个叫希

图1："真正的浑身长毛！"指的是猫。它是1914年至1918年参战士兵的朋友和帮手。图中的明信片上，一只猫抓住了老鼠，就像法国士兵杀死德国士兵一样。上面是一只脖子系着丝带的纯种猫，又肥又大，让人联想到逃避上前线战斗的人。（"浑身长毛"原文为"poilu"，是第一次世界大战时法国兵的绰号）

图2：在"麦克多诺号"驱逐舰（DD-351）上的美国水兵以及他们的吉祥物。

图3：中情局的"基蒂猫监听行动"，给负责监听的仿生猫植入麦克风、电池和天线。

了大使馆门口。经过训练的基蒂进入了目标建筑，但它不听指挥离开了。然后指挥人员听到一声巨响——基蒂被一辆出租车轧死了。

不过，美军又重新进行实验，约有10只猫被变成电子间谍，但都没能成功完成任务……

在冷战期间的1963年，一只名叫费莉塞特的猫被送入太空。它乘坐法国火箭的太空舱飞行了10分钟，其中5分钟处于失重状态，最后活了下来。作为第一只宇航猫，它变得家喻户晓。

但名猫界中，我不得不提到花栗鼠夫人（Mrs Chippy，随沙克尔顿科考队远征南极的猫）和斯塔布斯（第一只担任市长的猫，于1997年在美国阿拉斯加塔尔基特纳市当选）。我们为自己是猫而自豪。

目前，法国至少有1200万只猫，欧洲约有5000万只，全世界合计约8亿只。人类应该很快达到80亿，所以人数还会是猫的10倍。

不过，老鼠可能是下一个主导物种。它们很聪明，也很善于社交。不能低估它们。但这又是另一码事了。

1963年12月11日，在巴黎维克多大道的研究实验室里，为了太空飞行，训练猫咪习惯于坐着不动。它们额头上就是我第三只眼的"雏形"。

二、了解我们

对于任何一只经常与人类打交道的猫来说，人类行为可能确实让猫难以理解……

人哭了，你以为他是饿了。

但其实，他可能是刚刚失去了某些东西或某个人，正在想念那个东西或那个人。

人捣鼓毛线球，你以为他可能在玩儿。

但其实，他可能是在织毛衣，这样就可以保暖。

人大声说话，你以为他可能很生气。

但其实，他可能听力不佳，想通过大声说话来让别人也对他大声说话。

人类拒绝给你食物，你以为他可能不爱你了。

但其实，他可能是怕你变胖，控制饮食有益你的健康。果然，猫和人类对身体的感知不同。

在这一章，你会了解到我们的所有秘密。

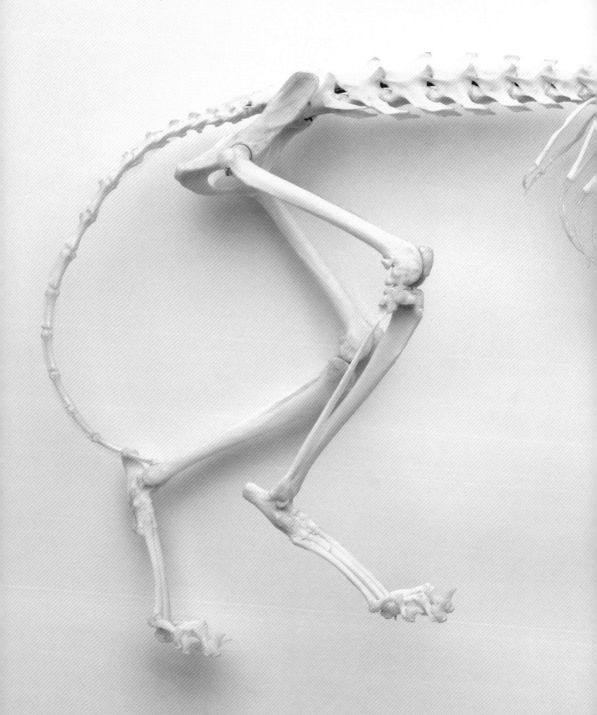

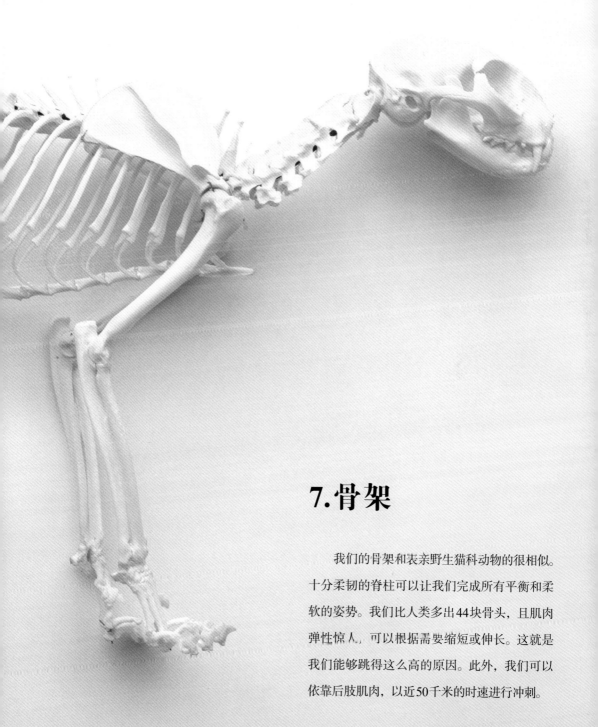

7.骨架

　　我们的骨架和表亲野生猫科动物的很相似。十分柔韧的脊柱可以让我们完成所有平衡和柔软的姿势。我们比人类多出44块骨头，且肌肉弹性惊人，可以根据需要缩短或伸长。这就是我们能够跳得这么高的原因。此外，我们可以依靠后肢肌肉，以近50千米的时速进行冲刺。

8.进食

　　就进食而言，猫是饿了就吃，人类则分为早、午、晚三餐规律饮食。猫一天可以吃十餐或不吃，而人即使不饿，也要一日三餐。猫吃饱了就会停止进食，人则会出于习惯继续进食。

人类品尝咸的、甜的或脂肪含量高的食物，大脑会产生与饱腹感无关的愉悦感，而食物的外观、颜色甚至是被赋予的价值，都能让人在没有进食需求的情况下吃东西。

9. 睡眠

　　从活动时间来看，人是白天活动，晚上休息，而猫世世代代都是夜行性捕食者。我们的狩猎活动和进食更多在黄昏和黎明进行。我们猫想活动就活动，累了就休息。结果是，人类常因为营养不良和疲惫而生病，而猫习惯于顺从自己真实需求，与身体的变化规律协调。

10.听觉

人类的听觉的音频范围只是我们的一半。猫对超声波的听力最高可达5万赫兹，而人耳仅为2万赫兹。而且，人类不能像我们那样灵活地转动耳朵。

11.嗅觉

　　猫的嗅觉比人类发达40倍（猫有2亿个嗅觉细胞，而人类只有500万个）。

12.犁鼻器

我们的上腭有个神经细胞非常丰富的区域——犁鼻器。这让我们能够通过张开的嘴，让气味经门牙后的两条管道集中升入鼻腔，以更好地感知气味。

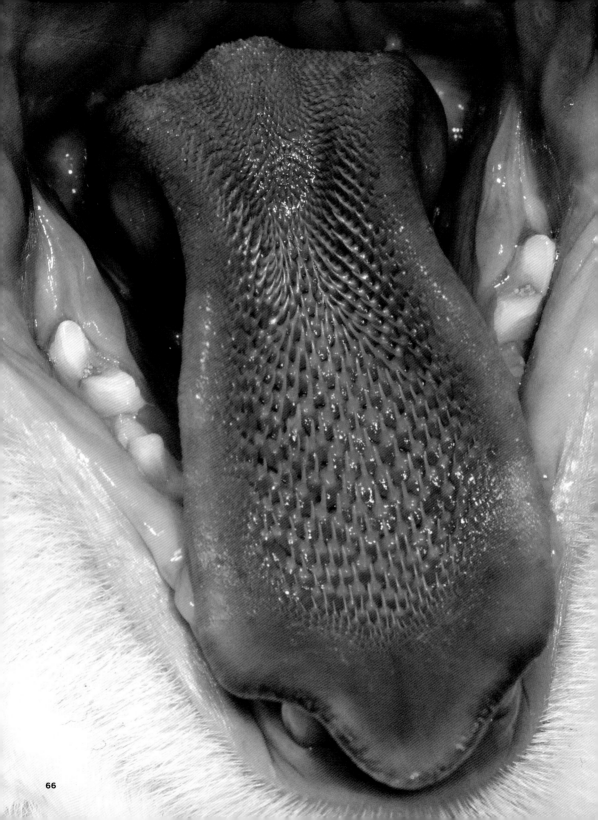

13.舌头

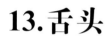

　　我们的舌头上覆盖着一层表面粗糙的倒刺状组织。这些圆锥形味蕾由角蛋白组成（就像我们的爪子）。我们可以把倒刺当作梳子来打理毛发，舔毛时梳走脱落的毛发，起到整理和清洁的作用。

　　这些倒刺还能帮助我们更容易地剔下猎物骨头上的肉。

　　经常清洁也可以让我们去除外界黏附在皮毛中的气味。

14.视觉

　　人类的视野有限（猫的视野角度为280度，而人类的只有180度），且人眼的可见视觉光谱范围较小，无法在光线微弱的环境下看清物体。而猫的眼睛后部有一层特殊的反光层，叫作脉络膜层（又称明毯），可以加强射入光线，使我们在黑暗中的视力比人类强6倍左右。

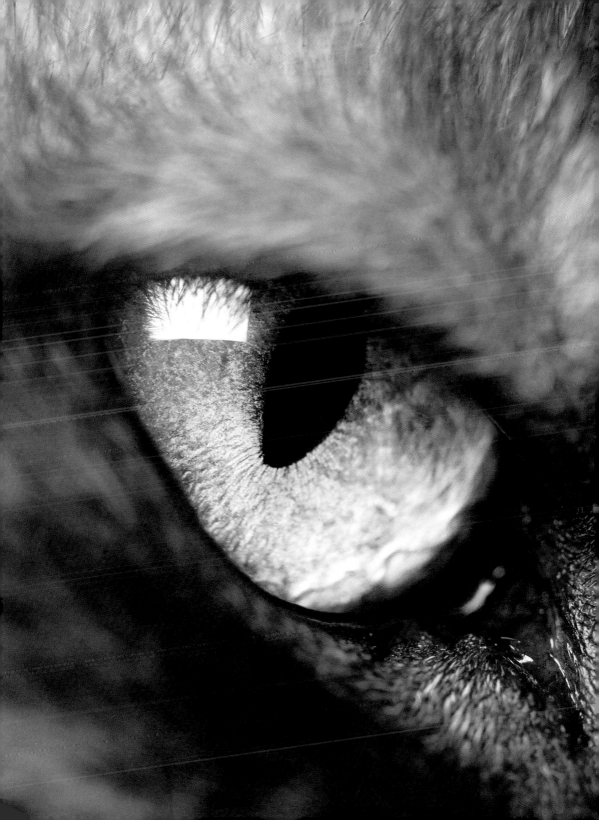

15.振动感知

    人类没有触须，只能听到声音和看到图像，却不能感知振动。因此，他们无法感知无声无息的事情（例如，人类在地震发生前就不会感知到）。

16.肉垫

与人类不同，我们是用脚尖和脚趾走路
（我们是趾行动物，而人类是跖行动物）。

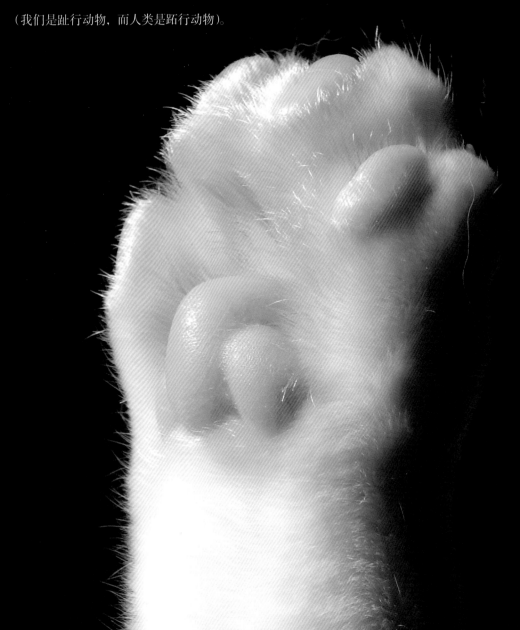

我们长着多个肉垫，通常与皮毛同色。
多亏了这些肉垫，我们才能走得悄无声息，
在任何地形中行动自如。

肉垫还能起到缓冲作用（厚厚的皮肤和脂肪组织能保护我们在摔倒或地形崎岖的情况下免于受伤）。

肉垫的防滑性极佳（脚心的肉垫起到制动作用，而角质层附着力强，能够防滑）。

这些肉垫让我们可以在各种类型的表面上行动，这也是我们成为强劲捕猎者的原因！

它们虽然不能保护我们免受极端温度的影响，但还是起到一定的隔热作用，让我们可以通过汗腺来调节体温。事实上，我们就是靠脚掌排汗，将体温维持在38—39摄氏度之间。

这些肉垫有非常敏感的触觉感受器，可以让我们感受到振动，从而定位和测量猎物的移动速度和距离等。一旦找准，我们就迅速向猎物飞扑过去。

最后，肉垫上藏着分泌芳香物质的腺体，
我们会将其留在所经之处，由此通过气味与同
伴交流。

17.尾巴及其语言

  对于我们猫来说，尾巴竖起是积极情绪的标志，表示快乐兴奋，想要玩耍或正在发情等。

如果我们感到轻松满足，会用尾巴裹住同伴，
或是我们喜欢的人类，以此来表达爱意。

　　虽然这可能因物种而异，但尾巴快速摆动，尤其是上下摆动，很可能是紧张或恐惧的表现。相反，尾巴缓慢摆动且双眼凝视则表示有兴趣和好奇心。我们可以静静地站在原地，默默观察着……然后，突然纵身一跃，抓住关注已久的猎物。而尾巴奄拉在地时，则表示不信任和警惕。

局促不安时，我们甚至会把尾巴收到身下。

而真的害怕时，我们就会鼓起尾巴，炸起体毛。
如果情况变得非常紧张，我们会折耳弓背。

最后，尾巴能让我们在跳跃和奔跑等运动中保持平衡。

差点忘了，据说有些猫尾甚至可以当作
绳子使用……不过，这真是少之又少！

18.交配季节

　　春季和夏末是我们的交配季节，母猫处于发情期。这时，它们开始寻找公猫，通过特定的行为来表明自己处于交配期，比如更频繁地用头摩擦物体表面、不断叫唤或摆出"脊柱前凸"姿势，抬起臀部，尾巴侧向一旁。

公猫的行为也有明显不同：为了赢得与母猫交配的"权利"，它会与身边的公猫大打出"爪"。

相互看对眼后，公猫就会嗅母猫的气味，搂住它的同时咬住其颈部皮肤。这是正常行为，也很重要，因为能够让母猫摆出"脊柱前凸"的姿势，以便公猫准确定位。这个动作本身会引起荷尔蒙变化，促进母猫排卵。公猫的阴茎上布满了刺激排卵的倒刺。接着，公猫会松开母猫的脖子，母猫也会使劲脱身，并多次对公猫表现出攻击性。大约持续20分钟后，它们可能会再交配一次。

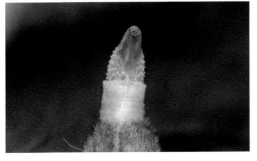

受精后，妊娠期持续两个月左右。
在这个阶段，母猫会出现体重增加和
乳房发育等身体变化。

宫缩一开始，母猫就躺下待产，这一过程通常比较久。从第一次宫缩到产仔结束可能要持续10个小时，每只生产的间隔时间约为30分钟。品种不同，一胎的数量差异较大，平均为4只，最多可以到10只。产后，母猫在8周左右后就会再次发情，也就是说，母猫在一年内可以生出很多小猫。

　　小猫出生时闭眼，10天后才会睁眼。它们
一出生就会吸奶，母猫的哺乳期约为4周。

同一窝的小猫可能颜色各异。受精过程中，每个卵子和精子中的基因会以多种方式结合。由于每只小猫都是不同的卵子和精子结合的结果，所以它们都可能携带不同基因。

另外，母猫的一胎可能是与多只公猫交配的结果。处于发情期的母猫会进行多次交配，有时还会和不同的公猫交配。因此，卵子可以与来自不同公猫的精子结合。

最高纪录！吉尼斯纪录显示，一只名叫
达斯蒂（Dusty）的虎斑猫，1935年出生于得
克萨斯州，总共生下了420只小猫！它于1952
年6月12日生下了最后一胎（1只小猫）。

在幼猫的整个成长过程中，母猫需要经常移动它们。对它来说，最快捷且最安全的方法是用嘴咬住幼猫颈部松软的皮肤，将它们叼起。有的人认为这很痛，其实不然。小猫在这个部位有特殊感知反应，当母猫叼起它们时，立刻就会舒缓下来，反射性地放松前腿，收回尾巴。

幼猫会一起玩耍，也会扭打翻滚成一团。有些人不明白母猫为什么不把它们分开，但它们只是在学习如何共同生活，同时建立必要的等级制度。

19.动物囤积症

我们一窝最多可以生10只小猫，但人类有种心理疾病，就是在家里要养8只以上的宠物，这种"病"尤其多见于60岁以上的女性。2011年，法国罗什福尔的一名女性在自己的小公寓里养了200多只动物，除了17只猫，还有松鼠、乌龟、仓鼠、兔子、鸽子和各种珍奇的鱼等。

20.为什么我们从高处落下总会四脚着地？

从高处坠落时，我们能立马本能地将四肢尽可能地伸展开来。

　　这样可以扩大表面积，提高升力，从而减
缓下降速度至低于时速100千米（有点像鼯鼠）。
　　我们的尾巴还可以帮助找回平衡。

在下落过程中，内耳会给我们指明方向。因此，我们可以随时调整到最佳位置。

胡须总能帮助我们准确测量与地面的距离。

快靠近地面时，我们会旋转头部至水平、前肢合拢保护口鼻，脊柱扭曲使骨盆与头部齐平。

这就是所谓的"平衡"反应。

　　就在接触地面之前，我们伸展四肢，将震动恰当分散。尾巴朝反方向摆动，起到平衡作用。碰到地面的一瞬间，四肢弯曲以承受冲击力。因此，即便从高处坠落，猫也可以毫发无伤。兽医称猫为"跳伞者"，他们还注意到，从较低楼层掉下给猫造成的伤害反而比高层更严重，因为高度不足，它们还没有来得及调整姿态以四脚着地。

　　猫摔落时最常见的损伤是下颌骨遭到撞击，造成下颌骨骨折和上腭开裂。

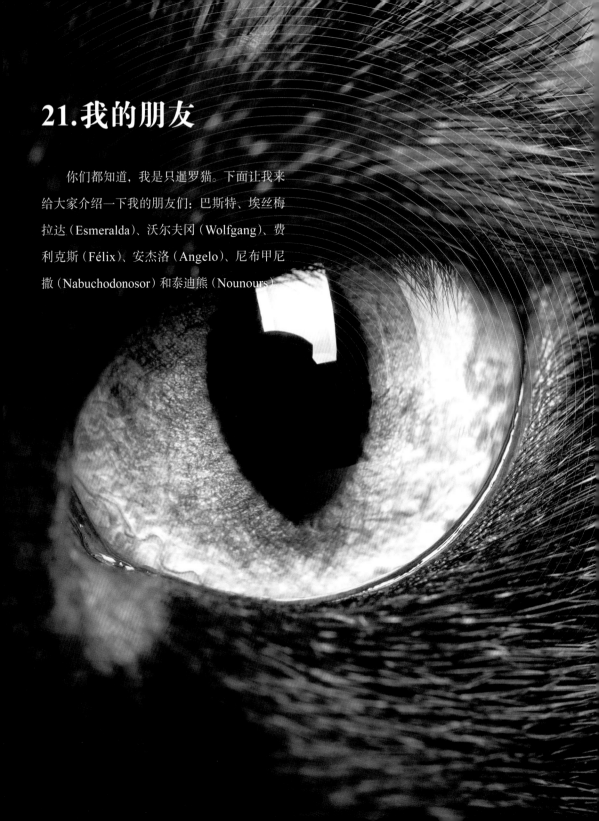

21.我的朋友

你们都知道，我是只暹罗猫。下面让我来给大家介绍一下我的朋友们：巴斯特、埃丝梅拉达（Esmeralda）、沃尔夫冈（Wolfgang）、费利克斯（Félix）、安杰洛（Angelo）、尼布甲尼撒（Nabuchodonosor）和泰迪熊（Nounours）

巴斯特

　　这是巴斯特和他的猫奴伯纳德·韦伯（Bernard Werber）。韦伯是作家，专门创作其他人类喜欢看的故事。猫首人身的埃及女神也叫作巴斯特（见本书第一部分第二章）。

埃丝梅拉达

埃丝梅拉达的猫奴是名女歌手，喜欢和它一起喵喵叫。它的仆人和幼猫因遭他人袭击而丧生。游荡在城市街道的埃丝梅拉达被成群的老鼠袭击。就在寻找藏身之处时，它听到喵喵的叫声，发现一只饥饿的橙色小猫躲在水沟里。那是巴斯特的儿子安杰洛。它很自然地给安杰洛哺乳，救了它一命。埃丝梅拉达与沃尔夫冈有一段爱情故事。

沃尔夫冈

　　它是法国总统自己养的猫，因此住在巴黎爱丽舍宫。当战争蔓延时，总统宁愿逃跑也不愿意躲在庇护所里。慌乱中，他忘了带它离开。尽管是人类领袖，但他非常怕死……像许多人类一样。如今，沃尔夫冈与救了橙色小猫安杰洛的黄眼黑猫埃丝梅拉达相亲相爱生活在一起。

费利克斯

　　它是一只纯种的白色安哥拉猫，长着一双黄色的眼睛，和巴斯特有同一个女性猫奴（其实是她为了讨好巴斯特，收养了一只可以和它交配的公猫……俩猫从来没有相爱，但还是生了个儿子，叫作安杰洛）。

安杰洛

　　它是只橙色小猫，圆滚滚的，是巴斯特和费利克斯的儿子。它迷路被困阴沟时，得到埃丝梅拉达的救助。

尼布甲尼撒

    它是波斯猫，也是我的好基友。它源于非常古老的品种，身世仍然是个谜，因为没有年代那么久远的记载。但据说，它们是与香料或丝绸一起，由彼得罗·德拉·瓦列（Pietro Della Valle，意大利音乐家、作家、文艺复兴时曾游历亚洲）引入意大利的。波斯猫的外形特征为圆头、大眼和塌鼻。性格沉稳、毛发茂密，它们非常受人类喜爱。

泰迪熊

　　泰迪熊是缅因猫，它是我在本书中为大家介绍的最后一位朋友。作为北美古老的品种之一，传说它是浣熊和美洲本土猫的杂交品种。不过，它更有可能起源于欧洲的安哥拉猫和北美的野猫。

　　缅因猫是世界上体型最大的猫，体长可达120厘米，体重接近9千克。

22.猫的寄生虫

美国生物学家理查德·道金斯（Richard Dawkins，著有《自私的基因》一书，该书研究了生物内在因素如何影响其行为）推出了一个原创性理论，即寄居于我们体内的微生物，如病毒、细菌、原生动物或寄生虫，会在我们没有意识到的情况下，影响我们的行为。我们之所以做出奇怪的举动，是因为这些微小的寄居者心怀鬼胎，通常是想着如何存活或繁殖。

例如，道金斯发现，患有梅毒（其实是种病原体引起的）的人类性欲更强，他由此推断梅毒病原体的诡计是尽可能将疾病传染给更多人。

显微镜下的跳蚤。

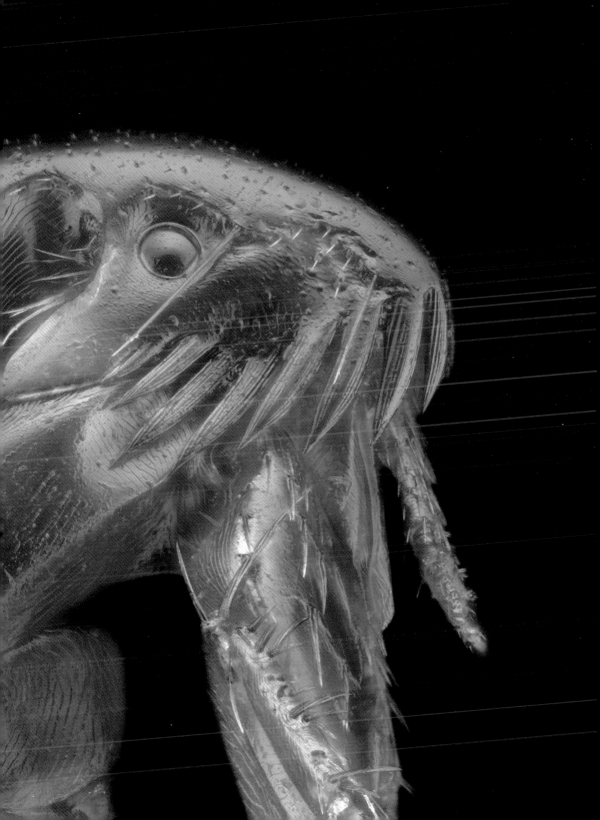

黄色部分所示为猫血中弓形虫病毒。

在蚂蚁身上，一种肝吸虫（一种被这些昆虫误食的寄生虫）进入大脑可以控制蚂蚁的行为。它会在夜间唤醒宿主，然后将宿主变成僵尸一般，颚部紧扣草叶，等着被牛、羊等更大的宿主吃掉。这种肝吸虫就能在牛、羊的消化系统中繁殖，继续进化。

寄宿在猫的身上设法繁殖的是弓形虫。其实，我们是这种原生动物的携带者，我们的排泄物和尿液中都会有弓形虫。寄生虫专家雅罗斯拉夫·弗莱格（Jaroslav Flegr）教授已经注意到，老鼠天然排斥猫尿的气味，但当它们摄入弓形虫后，反而会被这种气味吸引。

对于人类来说，弓形虫并不会引起明显的症状，但会影响胎儿生长，对孕妇来说是很危

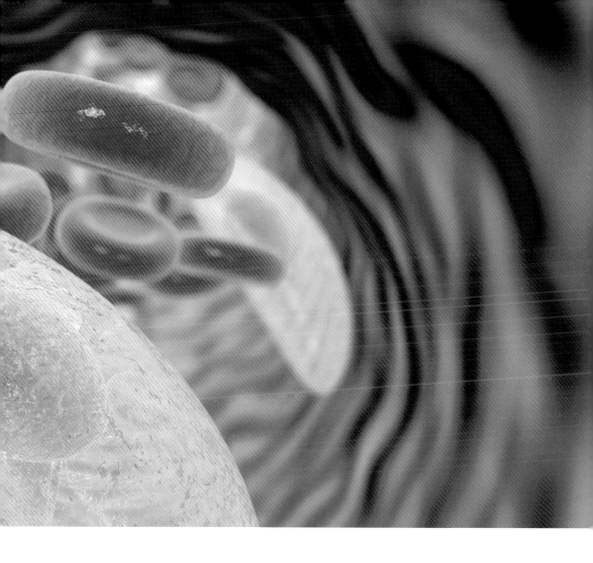

险的，至今还没有疫苗可以预防。然而，弗莱格教授在进一步的研究中发现，弓形虫也可以改变被感染者的行为。

因此，就像老鼠一样，感染了这种寄生虫的人类（据称30%以上的人都会如此）会发现自己的嗅觉敏感度发生了变化，如会觉得猫尿的味道很好闻，忍不住想要触碰猫尿。

另外，弓形虫携带者更容易冒险。2002年，弗莱格教授对人类的驾驶行为进行了研究，结果显示，患有弓形虫病的人开车速度会更快，发生事故的可能性是原来的3倍。

23.无毛猫：
斯芬克斯猫

斯芬克斯猫的令人惊讶之处，首先是它们没有毛发，看起来像"裸"猫。

这并非杂交品种，它们几乎没有体毛不是由于基因突变或人类选择的结果。斯芬克斯猫天生如此，我们甚至能在3000多年前的埃及和阿兹特克雕刻中找到它们的踪影。

它们变得非常稀少，得益于一窝产于加拿大的幼崽才重新被发现。1983年，一名法国饲养员将这种猫带到巴黎参加了巴尔塔（Baltard）猫展，这才确立了该品种的标准，命名为"斯芬克斯"。

它们的头呈三角形，颧骨突出且头骨扁平。耳朵又高又宽，眼睛圆圆的，肚子鼓鼓的，手指细细的，尖尖的尾巴常被比作老鼠的尾巴。它们的皮肤比其他猫咪的厚得多，触感像"桃子皮"，布满皱纹。与我们大多数猫不同的是，斯芬克斯猫不喜欢孤独，非常善于交际。它们在群体中往往起主导作用，且智慧高"猫"一等，几乎毫不费力就能当上老大。

它们与人类的感情也很好。我们通常只是坐在人的膝盖上，而它们会依偎在人的肩膀上磨蹭或舔他们的头脸。

斯芬克斯猫从来都没有攻击性。事实证明，它们对人非常忠诚，而其他大多数猫则比较独立（注：基本很少见到有流浪汉带着猫流浪，流浪汉一般都带着狗流浪）。这倒也说得通，因为一旦猫觉得猫奴养不活它，它就会选择离开，去找一个更可靠的猫奴。

斯芬克斯猫全身都会排汗，而其他猫只有肉垫排汗。

然而，它们几乎没有毛发，因此非常容易晒伤。

它们还有一个特点——食欲旺盛。由于缺乏皮毛保护，它们必须吃很多东西来保暖和储存热量，尤其是在冬天。

24.植物的力量

　　我们认为植物是没有意识的，但它们有时却能影响比它们更高级的生物的精神。对于大多数动物来说，植物的营养价值较小，但精神药物作用较大。例如在加蓬，大象和猴子自主摄取具有致幻作用的伊博格（Iboga）树皮。狒狒吞下马鲁拉树（Marula，又称象树）的发酵果实后无法直行，瘫倒在地。

　　在加拿大，驯鹿食用桦树树皮上可致幻的红色真菌，会引起头晕和痉挛。在美国南部，羊和马会吃一种名叫黄耆的草，导致过度兴奋，持续数小时不断跳跃奔跑。

　　众所周知，人类也很依赖于那些"起舒缓作用的植物"，如烟草叶、咖啡籽、茶叶、可可籽，以及发酵的葡萄、啤酒花、大米、土豆或水果的汁液。很少有人会舍弃从甘蔗或甜菜中提取的糖产生的心理安慰。那种感觉甚至能够完全控制他们，让他们变得很容易被精神操纵。类似的植物还有大麻叶、古柯叶和黑麦的麦角（迷幻剂的原料）等。

猫薄荷（Nepeta cataria）会影响猫的心理（见下文）。

那猫呢？我们也不例外。生活在野外的猫会咀嚼一种被称为猫薄荷的植物，效果接近于迷幻剂。食用了猫薄荷的猫会开始在幻觉中追捕老鼠。

然而，这些植物并没有神经系统，因此理论上对我们这种复杂的动物没有什么企图。

25.动物的智力水平

按照人类的标准，智力水平排在他们之后的动物依次是：

1.黑猩猩。它懂得用棍子等工具在树皮上寻找昆虫，不仅能创造工具，还能通过手语交流。它会把图像与人或物联系起来，知道如何组织团体，建立部落。倭黑猩猩还会把性作为解决社区外交紧张关系的手段，甚至在与其他倭黑猩猩部落见面时也是如此。

2.**海豚**。它有社会生活，可以与其他海豚共同制定策略，以最有效的方式围捕鱼群。它们很贪玩。会使用一种非常复杂的语言，并通过评估对方的地位高低，用特定方式给每只海豚起不同的名字。能理解触碰、内外和左右等概念，还会发明游戏。

3.**猪**。很喜欢社交，知道镜子是什么，对自己有个体认知。学习能力强，不重蹈覆辙，知错就改。知道如何通过游戏来放松，知道如何发明游戏。能组织团体，爱惜且保护家人，会教育幼崽。可以用嘴衔住树枝当作工具使用，例如用来撬东西。

4.**大象**。善于交际，群体中有严格的等级制度。有利他行为，帮助弱小。能认出镜子里的自己，还能把树枝当作工具。会为死去的家族成员举行葬礼。

5.**乌鸦**。与同龄群居，各有各的固定地位。成年后结伴建立家庭。智力测试分数高，数字可以数到8，还会想方设法获取遥不可及的食物。可以认出镜子里的自己。懂得叼起石头砸鸡蛋。

6.**章鱼**。勇敢，对一切事物都充满了好奇，学习能力强，能找到解决问题的办法，知道如何制定狩猎策略。懂得使用工具，甚至能用椰

子来制作防护头盔。能最快找到迷宫的出路。

7.**老鼠**。具有超常记忆力，能够记住通过测试的最佳路径和方法。知道如何在大群体中生活，遵守一定的等级制度，尊重上级，恐吓下级。通过隔离品尝过不明食物的个体，找到对付常用灭鼠药的方法。知道如何从过去的成功和失败经验中吸取教训。

8.**猫**。学习能力很强的群居动物。对一切新鲜事物充满了好奇，贪玩。似乎经常做梦，这对研究者理解梦的形成机制具有启发作用。非常独立，知道如何适应各种情况，知道如何与人类相处或在野外生活。

9.**狗**。情商高，能够体会主人的感受。忠诚，能够与人类建立特殊关系，能够通过多种方式来体现它对主人的爱。

10.**蚂蚁**。即使没有"人"的那种可分析的智力，它们的交际能力还是达到了登峰造极的地步，能够建造出容纳5000多万个成员、功能非常完善的巢穴（例如森林中发现的"红褐林蚁"），还了解农业（蘑菇种植）、战争、畜牧业（蚜虫）、建筑业（它们造出的金字塔形巢穴配备日光浴室和极佳的通风系统）。它们是唯一能够适应沙漠极端高温的动物（例如撒哈拉银蚁可生存于温度高达45摄氏度的撒哈拉沙漠）。

26.呼噜疗法

"呼噜疗法"由来自图卢兹的兽医让-伊夫·戈谢（Jean-Yves Gauchet）于2002年发起，其面临的问题有：如何理解这种神秘的声音？只有猫才会发出这种声音吗？为什么人类听到这种声音会产生愉悦感？

其实，呼噜声是猫科动物召集幼崽的信号。而对于大型猫科动物来说，也就到此为止……但对于我们猫来说，可就不一样了，我们一生中常会发出呼噜声，尤其是在与人类接触的时候，他们会寻求这种起舒缓作用的声音……

舒缓作用？

没错，呼噜声是基于空气振动（喉部收缩）的低频（在20～50赫兹内），这些谐波组合就像真正的音乐和弦。

据研究，这些低频具有生理学作用，不仅利于人类的组织修复（理疗师利用呼噜声来缓解肌腱炎或脊椎疼痛），还利于分泌具有舒缓作用的激素，如血清素。

别忘了，许多对人类有效的抗焦虑或抗抑郁药物，都得益于可促进分泌或保存血清素的能力。

由此可见，猫的呼噜声对人类有益，他们需要猫的陪伴……

人类可能在过去的几千年间，挑选出哺乳期结束后最会打"呼噜"的猫。因此，现在的家猫一生的许多行为都像只小猫（玩耍、胡思乱想……和发出呼噜声）。

这种叫声是一剂万能药（猫是整个地球的家养宠物），对于形单影只或精神脆弱的人来说"用处"更大，如在养老院、护理机构和监狱生活的人。

还有一个问题：为什么猫在某些痛苦的情况下（事故和分娩等）也会发出呼噜声？

对于戈谢医生来说，有两种解释：其一，（已证明）呼噜声会通过被称为"帕奇尼氏小体"的神经受体促进内啡肽的分泌，因此产生短暂的自发缓解作用；其二，这种呼噜声类似求助声，就像小猫找母猫要求哺乳一样。

还有许多呼噜的谜团有待被揭开：据戈谢医生介绍，表观遗传学领域（即电磁或声音的频率对基因活动的作用）仍有大量未解之谜。呼噜声或许具备作用于皮质醇基因（镇痛功能）和产生干细胞（组织再生功能）的"神奇频率"。

未完待续……

27.镜像阶段

　　人类宝宝会在12个月大的时候经历"镜像阶段"。婴儿的"悲伤阶段"让他学会了克服被抛弃的恐惧。"镜像阶段"期间的他明白了自己是独一无二的。

　　婴儿从1岁起开始直立，双手使用越来越熟练，能成功克服以前不可控的需求。他通过镜子意识到自己的真实存在。他认识了自己，并创造出自己喜欢或不喜欢的形象，效果立竿见影。他要么对着镜子拥抱自己，要么亲吻、大笑，要么对自己做鬼脸。他通常把自己认定为理想的形象。他会爱上自己。

　　他迷恋自己的形象，把自己投射到未来，

把自己当作英雄。随着想象力被镜子开发,他将开始适应挫折源源不断的生活。他甚至能容忍自己不是这个世界的主人。即使孩子没有照过镜子或没见过自己在水中的倒影,他也会经历这个阶段。他将找到另一种方法来识别自己,并将自己与全世界其他人区分开来,同时明白自己必须征服这个世界。

我们猫咪不了解镜像阶段。当看到镜子里的自己时,我们会试图走到镜子后面去抓住镜子里的另一只猫。而即使年龄增长,这种行为也永远不会改变。

结语

最后一句话，我想留给埃德蒙·威尔斯，
他是我写这本百科全书的榜样。

"一只狗能掌握120个单词和人类行为的含义。

它能数到10，还能进行加减法等简单的数学运算。

所以，狗的思维水平相当于一个5岁的人类小孩。

如果要让一只猫学数数，

听懂人话做出反应，或者模仿人类的动作，

它很快就会让你知道，

它没时间浪费在这些蠢事上。

所以，猫的思维水平相当于一个……

50岁的成年人。"